北京动物园保护教育系列丛书

哇！〈 奇妙动物园

动物宝宝诞生记

张成林　李士杰　主　编

中国出版集团　现代出版社

《哇！奇妙动物园》

（排名不分先后）

主　编： 张成林　李士杰

副主编： 郑常明　贾　婷　刘泽文　林乐乐　尹　群

编　者： 丁　楠　邓　晶　龚　静　李　静　冯　妍
张媛媛　李　菁　徐　康　王　征　尹　鑫
乔轶伦　张　浩　乐　静　王　曦　赵　建
王　昭　王立莹　孟　彤　毛　宇　郝菲儿
刘学锋　李　伟　杨晓瑞　杨奇琴　赵紫薇
周玲玲　徐　柳　徐银健　刘建广　洪　宇

组　编： 北京动物园管理处
圈养野生动物技术北京市重点实验室

前言

　　小朋友们，你们知道北京动物园吗？北京动物园是国内最大的动物园之一，在全球也享有盛名。这里有许多神奇的动物，吸引了无数大朋友、小朋友前来游玩参观。别看如今的北京动物园人来人往、热闹非凡，实际它最早的名字并不叫动物园。

　　早在清光绪三十二年（公元 1906 年），清政府就建立起了农事试验场，这是我国历史上的第一座动物园。这样算来，到 2024 年，北京动物园已经118 岁了。上百年来，农事试验场的名字发生了多次变化。直到 1949 年中华人民共和国成立之时，这里才更名为"西郊公园"。1950 年 3 月 1 日，西郊公园正式开放，也是从这个时候开始，园区的面积不断扩大，入驻的动物也越来越多。

　　经过六年的不懈努力，西郊公园初具动物园的规模，展出的动物也达到了二百余种，终于在 1955 年 4 月 1 日，经北京市人民政府批准，正式更名为"北京动物园"。后来，北京动物园的规模逐渐扩大，一批现代化的兽舍和展区相继建成，越来越多的动物住了进来，能够和小朋友们见面。随着经济发展和社会繁荣，北京动物园慢慢变成了今天我们看到的样子。

　　为了让小朋友们认识更多的动物朋友，树立保护环境和动物的意识，我们特别编写了这套书，分别从动物的进食行为、繁殖行为、伪装防御行为、社群通信行为四个角度介绍了 30 种常见的动物。为了更好地生存，动物们练就了一身"独门绝技"。本书用简洁、生动的语言，配合真实的照片和有趣的漫画，帮助小朋友们了解这些动物的习性和特点。除此之外，我们还在每册书的最后，附赠了研学小指南和研学调查表，鼓励小朋友们运用科学的方法探索自己感兴趣的动物，培养科学探索精神和动手实践能力。各位小科学家在调查研究的时候，一定要注意自身安全，也要注意保护环境，不要打扰动物朋友们的生活哟！

　　书中介绍的大部分动物朋友都入驻了北京动物园，如果你对它们感兴趣，可以让爸爸妈妈带你来动物园游玩，看看书中描述的动物和真实的动物有什么不一样。在这里，你不仅可以体验近距离观察动物的乐趣，还有机会在动物保育员的指导下和动物们互动。怎么样，是不是很心动呢？北京动物园期待你的到来哦！

——北京动物园管理处

目 录

去动物园看动物的
6个约定

1 关闭闪光灯，
避免伤害动物。

2 遵守指示牌规定，
不要违规行动。

3 爱护园内设施，
不要奔跑攀爬。

4 尊重工作人员，
听从专业指挥。

5 不要乱丢垃圾，
保证园区清洁。

6 禁止随意触碰，
防止危险发生。

雉鸡 ...49

长臂猿 ...56

朱鹮 ...64

我发誓，爱你一生一世！

丹顶鹤 Grus japonensis

我变秃了，也变强了！

　　站在沼泽中的丹顶鹤看起来颇有仙风道骨之貌，外加它高挑的身材、优美的舞姿，让它成为动物界少有的"仙子"。丹顶鹤是迁徙鸟类，每到秋天就要飞往温暖的南方准备过冬，等到春天再飞回北方，那它们是什么时候组建家庭的呢？又是怎么繁殖后代的呢？

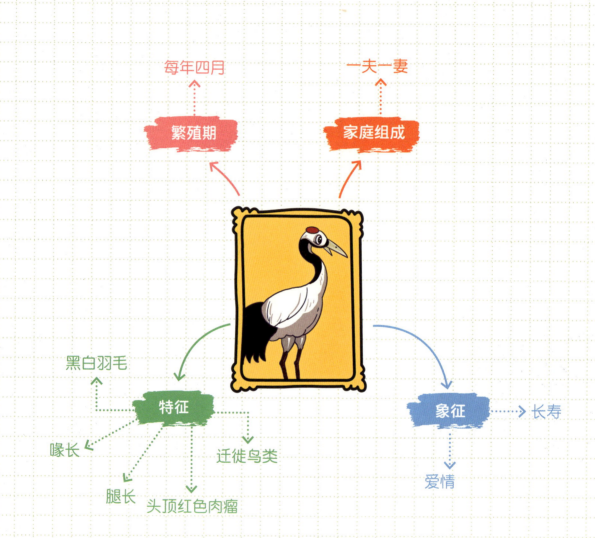

每年四月

一夫一妻

繁殖期

家庭组成

特征

象征 ┄┄┄> 长寿

黑白羽毛

喙长

腿长

头顶红色肉瘤

迁徙鸟类

爱情

丹顶鹤居然越"秃"越受欢迎

没想仙气十足的丹顶鹤也会遭遇"谢顶"危机！实际上，小丹顶鹤并不秃，刚出生时也是毛茸茸的。等它们长到一两岁的时候，就开始出现"秃头"的问题了，但头越"秃"的丹顶鹤越受异性的欢迎，越容易找到配偶，这种奇葩的择偶标准是怎么回事呢？原来，丹顶鹤头顶那一抹靓丽的红色并不是羽毛，而是肉瘤。在丹顶鹤的世界里，肉瘤的面积越大代表越成熟，也代表它已经性成熟，可以结婚生子了！

顺便一提，丹顶鹤头顶的红色肉瘤与传说中的"鹤顶红"不是一个东西。这纯属无稽之谈，"鹤顶红"是白色的毒药，又名砒（pī）霜。只是因为古代的提纯技术没有现在的先进，导致砒霜中含有其他的杂质，所以才会呈现淡淡的红色。古人觉得砒霜的颜色跟丹顶鹤头顶的红色差不多，所以将这种毒药称为"鹤顶红"。

"一夫一妻"的浪漫

每年四月是丹顶鹤的繁殖季节，它们会从南方陆续迁徙到北方的繁殖地。在进入交配期之前，雄鹤会将3岁左右的幼鹤赶出族群，让它们独自生活。雄鹤会在求爱时使出浑身解（xiè）数吸引雌鹤的注意，只见它时而飞舞，时而含情脉脉（mò mò）地注视着"意中鹤"，它边唱边跳，叫声特别洪亮。要是有雌鹤看上了它，就会跟它一起翩翩（piān piān）起舞，完成一首动听的"二重唱"。此后，它们便会一起生活，形影不离。

美好的二鹤世界会随着鹤宝宝的诞生热闹起来。丹顶鹤夫妇会在产蛋前一

> **小知识**
>
> 丹顶鹤是一夫一妻制的动物，它们一旦选择了彼此，就会一辈子生活在一起，无论觅食还是飞行，都形影不离。除了育雏期间会出现一只孵蛋，另一只出去觅食的场景，其他任何时候都不会看到一对成年丹顶鹤分开行动。即使一只生病，另一只也不离不弃，如果其中一只丹顶鹤死亡，另一只也不会独活，它们用自己的一生诠释了"忠贞"的含义。

周精心挑选树枝筑巢。雌鹤每窝可产 2 枚蛋，夫妻轮流孵化，每隔一段时间换一次班，孵蛋期间，雄鹤和雌鹤会定时起身翻蛋，让蛋均匀受热。一般 30~35 天后，鹤宝宝就会破壳而出，它们长着一身黄色绒毛，非常可爱。过不了几天，鹤宝宝就可以满地跑了。

小知识

在中国的历史文化中，总能看到丹顶鹤的身影。因其羽色质朴纯洁、体态飘逸雅致、叫声超凡脱俗，所以在中国古代神话和民间传说中被誉为"仙鹤"，为历代文学家和艺术家所称颂。

丹顶鹤能活到 60 岁左右，是吉祥长寿的象征。

爸爸跟我说过，它就是凭借着红红的头顶追求到妈妈的！现在我们一家三口正快快乐乐地生活在北京动物园里，欢迎大家来动物园一起见证我的成长！

来金丝猴湿地找我玩儿吧！

好怀念妈妈温暖的育儿袋呀!

袋鼠 **Kangaroo**

妈妈的口袋真温暖

　　袋鼠是典型的有袋类动物，但并不是所有的袋鼠都有育儿袋。在袋鼠家族里，只有雌袋鼠才有育儿袋，袋鼠宝宝出生后要在育儿袋里生活一段时间。袋鼠出生时长什么样子？袋鼠妈妈为什么让袋鼠宝宝在育儿袋里生活呢？接下来，就让我们一起探索袋鼠的奥秘吧！

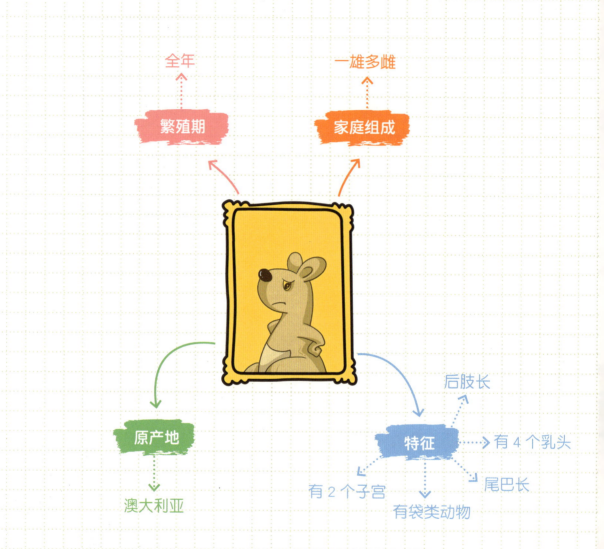

全年

一雄多雌

繁殖期

家庭组成

原产地

特征

后肢长

有 4 个乳头

有 2 个子宫

尾巴长

澳大利亚

有袋类动物

刚出生的袋鼠宝宝像花生米一样大

袋鼠生活在澳大利亚内陆，这里的环境复杂多变，极端天气多，所以袋鼠妈妈会尽可能缩短怀孕的时间，先生出孩子再养大。袋鼠宝宝属于早产儿，它们刚出生的时候非常小，跟一粒花生米差不多大。此时的袋鼠宝宝不但看不见，也听不见，全身光秃秃的，无法保护自己，如果让它们独自在自然界生活会很危险，所以袋鼠妈妈就让袋鼠宝宝在育儿袋中长到可以独立生存时，才会让它们离开育儿袋。

小知识

袋鼠主要分布在澳大利亚大陆和巴布亚新几内亚的部分地区，其中有些种类为澳大利亚特有。袋鼠图案经常出现在澳大利亚公路两旁的警示牌上，以此来提醒人们附近有袋鼠出没。夜间行车时尤其需要注意，因为袋鼠的视力很差，而且会好奇地跳到车灯前一探究竟，为了避免撞伤它们，在澳大利亚开车时要格外小心！

袋鼠怎么清理育儿袋?

袋鼠妈妈必须把刚出生的袋鼠宝宝引到育儿袋中,袋鼠宝宝要在里面待上 9 个月之久。袋鼠宝宝吃喝拉撒都在育儿袋里,为了给袋鼠宝宝营造一个干净健康的生长环境,袋鼠妈妈会用舌头把育儿袋舔干净,顺便也给小袋鼠洗个澡。袋鼠宝宝的排泄物会被袋鼠妈妈直接吃掉。袋鼠妈妈不断清理自己的育儿袋,几乎没时间休息,真是位尽职尽责的好妈妈!

袋鼠妈妈怎么养育小袋鼠?

袋鼠妈妈有 4 个乳头,2 个分泌高脂肪乳汁,2 个分泌低脂肪乳汁。袋鼠每年产 1~2 胎,每胎产 1 只袋鼠宝宝,袋鼠宝宝出生后就要快速爬入育儿袋,吮吸低脂肪乳汁。袋鼠妈妈长着 2 个子宫,一边子宫里的袋鼠宝宝刚出生,另一边的子宫就又怀孕了。等到育儿袋里的袋鼠长大离开后,另一边子宫里的胚胎(pēi tāi)才开始发育。大约 40 天后,袋鼠妈妈再用相同的方式生下另一只袋鼠宝宝。在条件适合的情况下,袋鼠妈妈会依靠左右子宫轮流怀孕的方式一直生宝宝。这样一来,袋鼠妈妈就可以同时拥有 3 只宝宝:一只在育儿袋外面,一只在袋儿袋里面,还有一只待产的!

1个月左右，袋鼠宝宝出生，入住育儿袋。

4个月的时候，袋鼠宝宝全身的毛都长齐了，背部黑灰色，腹部浅灰色，是只漂亮的袋鼠。

袋鼠宝宝一年后才能正式断奶，虽然会离开育儿袋，但仍然在袋鼠妈妈附近活动。

6~7个月后，袋鼠宝宝才开始短时间地离开育儿袋，学习独自生活。

袋鼠宝宝会在5个月左右大时，从育儿袋里探出头来，看看外面的世界。

袋鼠有话说

有人认为雌袋鼠拥有 2 个子宫，可以不间断地怀孕、生宝宝，所以袋鼠不是濒（bīn）危动物。这个说法并不准确！只有在环境条件允许的情况下，我们才能繁衍很多后代。在我们的老家澳大利亚，到处都可以看到我们的踪迹，而住在其他国家的小朋友只有去动物园才能和我们见面！再偷偷告诉大家一个小秘密：我们是跳得最高、最远的哺乳动物，欢迎大家来动物园。和我们比试跳远！

我住在澳洲动物区！

23

不要挤我呀！

长颈鹿 Giraffe

当妈妈真不容易

　　长颈鹿由于身高太高、腿太长，如果坐着分娩（miǎn），很容易受到狮子、老虎的袭击，丢掉性命，因此聪明的长颈鹿才选择站着生产。这就意味着，小长颈鹿一出生就要从两三米高的地方摔下来，更可怕的是，小长颈鹿落地后，它的妈妈就会马上低头确认它的位置，然后踢它一脚，让它的四肢摊开。为什么长颈鹿妈妈要这么粗暴地对待它的宝宝呢？来听听保育员怎么说吧！

25

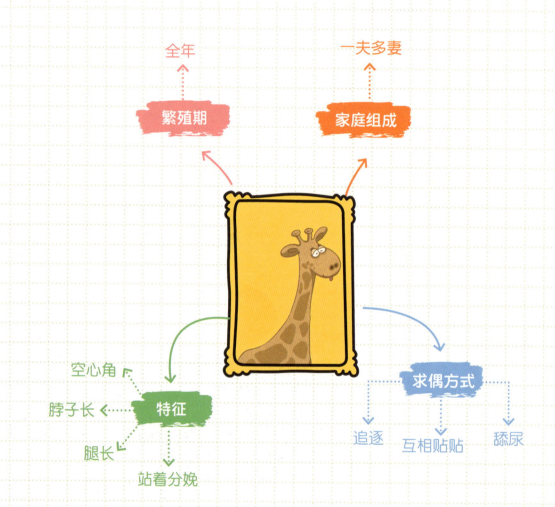

全年

一夫多妻

繁殖期

家庭组成

空心角

脖子长

特征

腿长

站着分娩

求偶方式

追逐　互相贴贴　舔尿

26

婚前检查居然是"喝尿"

　　长颈鹿跟很多动物不同，它们没有固定的发情期，全年都能生育。母长颈鹿发情的时候，会散发出荷尔蒙的气味来吸引异性。公长颈鹿寻着气味找到母长颈鹿，然后用头部敲打母长颈鹿身体的侧面，刺激其排尿。母长颈鹿排尿时，公长颈鹿会通过舔尿的方式判断母长颈鹿是否已经做好了怀孕的准备。如果得到否定的答案，公长颈鹿就会自行离开；如果得到肯定的答案，公长颈鹿就会对母长颈鹿展开猛烈的追求。

小知识

爱你就要贴贴你

　　长颈鹿很少发出声音，它们也不像其他动物那样通过叫声来表达自己的情绪。那么公长颈鹿是如何获取母长颈鹿芳心的呢？那就是跟心仪的母长颈鹿"贴贴"。公长颈鹿确定母长颈鹿准备好怀孕之后，就会一直伴其左右，脸贴脸、颈绕颈，直到母长颈鹿同意交配。

既是慈母也是严母

母长颈鹿是独自生育宝宝的"单亲妈妈"。在弱肉强食的大草原上，狮子、土狼等野兽都喜欢猎食小长颈鹿，如果小长颈鹿不能马上学会站立，就会成为捕食者的猎物。前文提到母长颈鹿妈妈会踢翻长颈鹿宝宝，这样做的目的是让长颈鹿宝宝能够尽快地站起来。只有以最快的速度站起来，并马上进入族群，才能得到庇（bì）护。母长颈鹿用最粗暴的方式表达着母爱，寸步不离地照顾长颈鹿宝宝，它们既是严母也是慈母。

伟大的母亲

母长颈鹿的孕期长达 15 个月，在偶蹄目动物中算是很长的了。对怀孕的长颈鹿而言，长长的脖子变成了行走或奔跑时的阻碍，影响身体平衡。因此，整个孕期，母长颈鹿会待在一个相对安全且隐蔽的地方，以避开捕食者的袭击。

长颈鹿的妊娠（rèn shēn）期漫长且艰辛，要是能一次多生几只宝宝也算**一劳永逸**了。但是，为了保证幼崽儿能充分发育，母长颈鹿一般每胎只产一崽儿。这样才能孕育出身高 1.8 米、出生后 20 分钟就能站立、数小时后即可奔跑的健康宝宝。

在食物紧缺的情况下，母长颈鹿会脱离族群到更远的地方觅食。为

了确保小长颈鹿的安全，母长颈鹿会将它托付给其他长颈鹿照顾。不过，遇到危险时被托付的长颈鹿往往自身难保，更加不能保障小长颈鹿的安全。落单的小长颈鹿也非常聪明，看到同伴逃走，它也会跟着逃走。

等到小长颈鹿能够独立生存，母长颈鹿的育儿工作就结束了。随后，母子分别，小长颈鹿要去更广阔的世界闯荡，而母长颈鹿则要开始新一轮的繁衍。

长颈鹿有话说

　　我们是世界上最高的动物，我的家族成员都有长腿和长脖子。爸爸说，我们的长脖子不仅是为了觅食，更重要的是为了找到另一半，爸爸就是利用粗壮的长脖子，在"脖斗"中获胜，赢得了妈妈的芳心！

　　虽然我们的"脖斗"看起来有点可怕，但其实我们平时非常温顺。我们的故乡在辽阔的非洲大草原，不过大家也可以来动物园看我们，我会把跟我们同框拍照的小秘诀告诉大家。

想跟我合照就来长颈鹿馆吧！

西北门

办公区
鹿苑
儿童动物园
非洲动物区
长颈鹿馆
科普馆
畅观楼
猿猴馆
猩猩馆
金丝猴馆
鸟苑
朱鹮科研中心
长臂猿馆
热带小猴馆
火烈鸟馆
蜀春堂
企鹅乐园
水獭展区
两栖爬行动物馆
象龟

W 西区

西南门

不急，等我再打扮打扮！

鸳鸯 Mandarin Duck

名不副实的爱情鸟

　　鸳鸯（yuān yāng）和其他动物不一样，别的动物就算性别不同也都共用一个名字，比如天鹅、大雁，而"鸳鸯"则是一个合成词——鸳指雄鸟、鸯指雌鸟。鸳鸯总是成双成对地出现在人们的视野中，因此常被用来比喻爱情美满。唐代诗人卢照邻在《长安古意》一诗中，更是用"得成比目何辞死，愿作鸳鸯不羡仙"来表达对爱情的期盼。但事实上，鸳鸯并不是一种专情的动物，这是怎么回事呢？让我们听听保育员怎么说吧！

思维导图

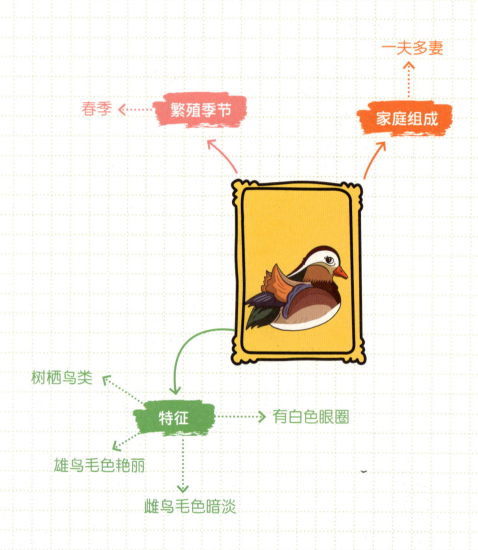

一夫多妻

春季 ←⋯⋯ 繁殖季节

家庭组成

树栖鸟类

特征 ⋯⋯→ 有白色眼圈

雄鸟毛色艳丽

雌鸟毛色暗淡

鸳鸯是夫妻也是兄弟

从古至今，鸳鸯都被视作爱情的象征与鸳鸯有关的中国诗词不少于4000首。鸳鸯如今仍然被视为爱情的象征。其实在古代，鸳鸯既被用来歌颂爱情，还被用来表现亲兄弟的手足之情。早在西汉时期，苏武在告别兄弟的诗中，就将鸳鸯比作兄弟，诗中这样写道"昔为鸳和鸯，今为参与辰"。到了三国时期，《七步诗》的作者曹植在《释思赋》中写道"乐鸳鸯之同池，美比翼之共林"，用鸳鸯来比喻兄弟情。

直到唐朝，鸳鸯才由兄弟情的象征变成了爱情的象征，大诗人李白、杜甫等人纷纷将鸳鸯写进诗中歌颂爱情。就这样，鸳鸯象征爱情的说法在唐朝被正式确定下来。从此，鸳鸯成了相亲相爱、忠贞不贰的爱情鸟。

小知识

如何分辨鸳鸯和鸭子

求偶期的雄鸟浑身遍布绚（xuàn）丽的羽毛，雌鸟却是一身灰，乍一看和普通鸭子没什么两样。其实只要仔细观察，就能发现雌鸟的眼睛周围有一圈向后延伸的白眼圈，凭这个特点一眼就能在鸭群里认出鸳鸯中的雌鸟。当雄鸟换掉身上绚丽的羽毛后，就与雌鸟别无二致了，但雄鸟的嘴是红色的，雌鸟的嘴是黑色的，小朋友们可以根据这一点区分鸳鸯。

鸭子

鸯

鸳

美貌和爱都有"保质期"

鸳鸯属于鸭科动物，别名"中国官鸭"，就是颜值高一点的鸭子。通常情况下，雄鸟拥有色彩鲜艳的羽毛，而雌鸟长得跟普通鸭子很像。在每年冬天到第二年春天的繁殖期，雄鸟会四处求偶，做出夸张的动作，比如梳理羽毛、摇摆身体，以此来吸引颜色暗淡的雌鸟。

在新婚时，鸳鸯夫妻会形影不离，卿卿（qīng qīng）我我，雄鸟会用翅膀保护雌鸟，不许第三者靠近。一旦雌鸟产蛋，雄鸟就会溜之大吉，不参与孵卵，这段看似"忠贞"的爱情也就到此为止了。雄鸟去哪儿了呢？其实它是去换羽毛了。繁殖季过后，雄鸟翅膀上的漂亮羽毛就会换新。雌鸟孵化期间，雄鸟只顾着换羽毛，无暇顾及其他。雄鸟换羽之后，会变成跟雌鸟一样的"灰鸭子"。

换羽后

换羽前

36

带娃不易的鸳妈妈

　　鸳鸯是树栖鸟类，它们会在树洞里产卵、孵化，靠近水边的天然树洞是鸳鸯的理想住所。选好树洞后，雌鸟会拔取胸腹部的绒羽，作为筑巢材料铺垫在洞中。这些柔软蓬松的灰色绒毛可以同时起到保温和保护的作用。当一切准备就绪，雌鸟就要产卵了，雌鸟一般每窝产9~12枚卵。此时雄鸟正处换羽期，孵化的重任就完全落在雌鸟身上。雌鸟有很强的母性，一天中的大部分时间都在孵卵，只有凌晨和傍晚的时候才会出洞觅食。尤其到了孵化的最后1~2天，雌鸟甚至会寸步不离。

挑战高空蹦极

　　经过28~30天的孵化，雏鸟就破壳而出了，一窝卵一般会在24小时内相继破壳。雏鸟出壳后，会面临"鸟生"的第一次挑战——高空蹦极，也就是从树洞跳到地上。刚出生的雏鸟体重仅有37克左右，从十几米的树洞上跳下去为什么毫发无损呢？原来是蓬松的绒毛起了缓冲作用，此时雏鸟的骨骼尚未钙化，胃肠道空空如也，因此才不会摔伤。鸳鸯是早成鸟，生下来就会游泳和觅食，每天太阳刚刚升起的时候，雏鸟就会跟随雌鸟出门觅食、学习本领。

鸳鸯有话说

我们是鸭科动物中的颜值代表，虽然夏季换羽期过后，我们会变得跟普通鸭子一样，但一圈白色"眼影"还是让我们在众鸭之中脱颖而出。等到下一个繁殖季，我们又会穿上色彩鲜艳的"花外衣"。

水禽湖是我家，我爱我家！

美洲动物区　澳洲动物区　百木园　猫科动物馆
驯风堂　狮虎山　虎山环廊　熊山
貘馆　北极熊展区
临湖景观步道
水禽湖　荟芳轩
夜行动物馆　林荫景观道
大熊猫馆　雉鸡苑　育幼室　犬科动物区
猴山
派出所
正门　游客服务中心　E 东区

青蛙 Frog

奇特的变态发育

我们都知道《小蝌蚪找妈妈》的故事，小蝌蚪一路错把金鱼、螃蟹、乌龟、鲶鱼认作妈妈，几经波折，小蝌蚪长成了小青蛙，找到了自己的青蛙妈妈。青蛙是如何生下小蝌蚪，而小蝌蚪又是如何变成青蛙的呢？

排排站，吃虫虫！

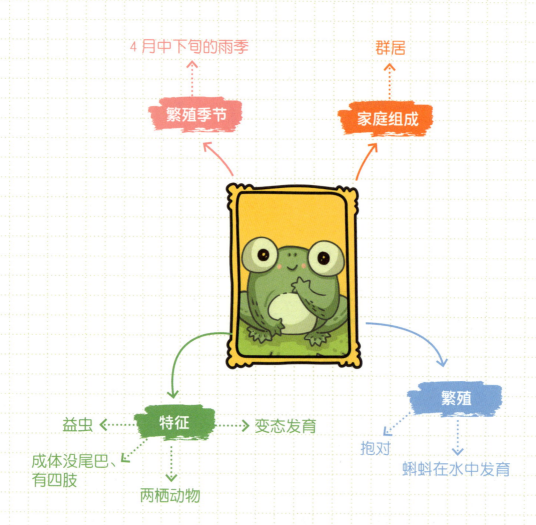

4 月中下旬的雨季

群居

繁殖季节

家庭组成

特征

繁殖

益虫 ← 特征 → 变态发育

抱对

成体没尾巴、有四肢

蝌蚪在水中发育

两栖动物

树蛙奇特的产卵方式

一般的青蛙都是在水中产卵，而青蛙家族中的树蛙则与众不同。树蛙生活在树上，它们不像一般的青蛙那样把卵产在水中，而是将卵产在卵泡中，再用水塘上方的树叶包裹卵泡。

树蛙为什么如此特立独行呢？原因之一是树蛙产的卵相对较少，而吃蛙卵的水生动物却特别多；原因之二是春夏季池塘里会长出许多水生植物，导致水中的氧气减少，影响蛙卵发育。于是，聪明的树蛙选择了池塘上方悬空的树叶。当树蛙卵孵化成蝌蚪后，就会自然而然地落到池塘里，这是多棒的主意啊！

小知识

青蛙也挑食

以前，我们说青蛙是益虫，专门吃害虫，可是青蛙却不喜欢吃蚊子。在青蛙眼里，苍蝇比蚊子更加美味。所以想在家里养青蛙捉蚊子的小朋友可能要失望了！

奇特的交配方式——抱对

　　青蛙是两栖动物，两栖动物普遍采用卵生的方式繁殖后代，青蛙也不例外。但蛙卵并不是雌蛙孵化的，而是在体外受精，受精卵在水中孵化，最后发育成蝌蚪，这种孵化方式叫"体外受精"。这是怎么做到的呢？原来每年4月中下旬是青蛙的繁殖季，雌蛙和雄蛙要分别将卵子和精子排到水里，如果卵子和精子成功结合就会形成受精卵，进而孕育出新生命。

　　精子和卵子顺水漂流，能不能结合到一起完全凭运气。为了提高受精的概率，青蛙想到了一个好办法——抱对。雄蛙从背后抱住雌蛙，在雌蛙排卵时迅速排精，如此一来，精子与卵子就更容易结合了。

小蝌蚪是怎么变成青蛙的呢？

　　雄蛙和雌蛙"抱对"成功 4~5 天之后，它们的受精卵就可以孵化成蝌蚪了，蝌蚪是青蛙的幼体阶段，只能用鳃（sāi）呼吸，在水中生活，它们要经历一系列变态发育，才能长大。在 2 个月的时间里，蝌蚪长出了后腿和前腿，尾巴也消失了，蝌蚪变成幼蛙后，就可以到陆地上生活了。再过 3 年，幼蛙才会性成熟，变成真正的青蛙。到此，蝌蚪的"变态"之旅就正式结束了。

蝌蚪

受精卵

青蛙的成长过程

幼蛙

成蛙

　　在常人眼里，晴天是好天气，但在我们看来，下大雨才是好天气！因为我们喜欢阴凉潮湿的地方。每到下雨天，空气湿度变大，我们就会从水里浮出来，在河边呼吸新鲜空气，这时候我们会叫得特别响，好像在开一场池塘演唱会，借此机会，我们也可以寻找伴侣，抱对产卵！所以说，下雨天是我们繁衍后代的好天气。欢迎大家来动物园听我们的"演唱会"！

"演唱会"在两栖爬行动物馆举办！

雉鸡 **Pheasant**

熟悉又陌生的保护动物

提到雉 (zhì) 鸡，大家可能会觉得陌生，但是说到雉鸡的别名——野鸡、山鸡，相信大家一定很耳熟吧。这些在山野间随处可见的野鸡，其实都是受保护的动物。它们有着重要的生态、科学和社会价值。雉鸡是典型的两性异色鸟，你想知道什么是两性异色鸟吗？

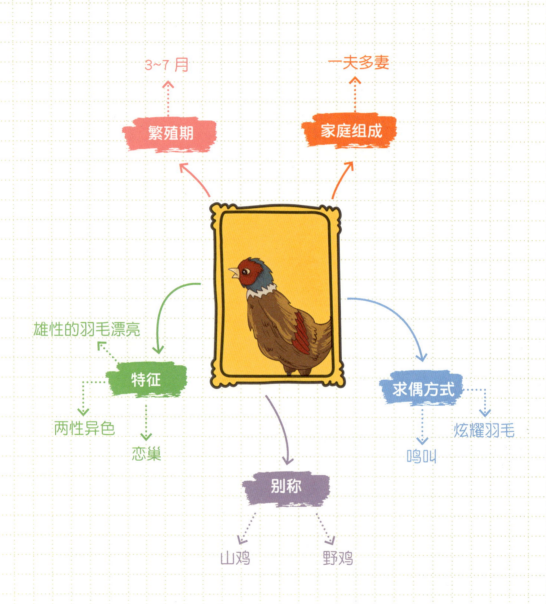

繁殖期 → 3~7 月

家庭组成 → 一夫多妻

特征
- 雄性的羽毛漂亮
- 两性异色
- 恋巢

求偶方式
- 炫耀羽毛
- 鸣叫

别称
- 山鸡
- 野鸡

雄鸡的毁蛋行为！

进入繁殖期的雌鸡会在草丛、芦苇丛、灌木丛树根旁或麦田里筑巢，隐秘的巢穴是最好的孵卵场所。为什么非要选择在隐蔽的地方筑巢呢？原来雌鸡在孵化期间不仅要防止天敌来袭（xí），还要警惕雄鸡毁蛋！

雄鸡对领地有着非常强烈的保护意识，如果发现自己的领地有一只陌生的雌鸡在孵卵，它就会趁雌鸡出去觅食的时候把卵全部啄破或者吃光！因此，雌鸡独自孵化期间总是**小心翼翼**，外出前会想尽一切办法用树叶、草将卵盖好，以防雄鸡偷袭。

有雄鸡路过，
保护好我的孩子！

雄鸡负责貌美如花，雌鸡负责隐身带娃

雉鸡是"一夫多妻"制，雄鸡与雌鸡交配后就溜之大吉，只留下雌鸡筑巢、孵蛋、抚养雏鸡。孵蛋期间，雌鸡会保持低调，它的羽毛与大地的颜色相近，就好像穿了一件隐身衣，这身羽毛有助于雌鸡在草丛中隐蔽，避免被天敌发现。

因为雄鸡在养育后代上做出的贡献少之又少，所以雌鸡在选择配偶上有一定的自主权。雄鸡为了找到交配对象，不惜使出**浑身解**（xiè）**数**吸引异性。羽色越鲜艳、个头越大的雄鸡在与同类竞争交配权时就越有优势。雄性雉鸡不仅有长长的漂亮尾羽，颈部还有一圈白色的羽毛，看上去就像戴了一串

小知识

为什么雉鸡又叫野鸡呢?

其实这个别称来源于一个历史典故。《本草纲目》中记载，汉代吕太后名雉，为了避讳(bì huì)皇家的名字，汉高祖下令将雉鸡的称呼改为野鸡。

雌性雉鸡

雄性雉鸡

珍珠项链，这样盛装打扮很难不令雌性雉鸡心动。

到了每年3~7月的繁殖季，发情的雄鸡会一直围在雌鸡身边，一边走一边叫，热情奔放，软硬兼施，有时还猛跑几步展示身姿，当接近雌鸡头侧时，雄鸡会将靠近雌鸡一侧的翅膀垂下，另一侧的翅膀向上抬起，尾羽直立，冠羽竖起，把最好的一面展示给雌鸡看。

顺便一提，其实雉鸡和家鸡有很大的区别，虽然它们都是雉科动物，但雉鸡是雉鸡属，而家鸡是原鸡属，它们只能算作亲戚，就像老虎（猫科豹属）跟猫（猫科猫属）一样！

我们喜欢在山野间溜达，稍微留心一下，就可能跟我们不期而遇！当然，我们也在动物园安了家，欢迎大家来动物园的雉鸡苑做客！在这里不仅能看到我们，还能看到我们的朋友——孔雀！

跟着地图走，就能找到雉鸡苑！

长臂猿 Gibbon

父慈母爱的童年真美好

　　长臂猿会像人类一样组建家庭，它们是典型的树栖动物，以家庭为单位集小群生活，一般 3~5 只长臂猿就能组成一个家族。家族中除了猿爸爸和猿妈妈，其余就是亚成年或幼年的猿宝宝，它们分工明确，猿爸爸是守护者，猿妈妈是管理者。长臂猿如何组建家庭？猿宝宝又是如何长大的呢？让我们来一探究竟吧！

我是在爸爸妈妈的爱里长大的小猿。

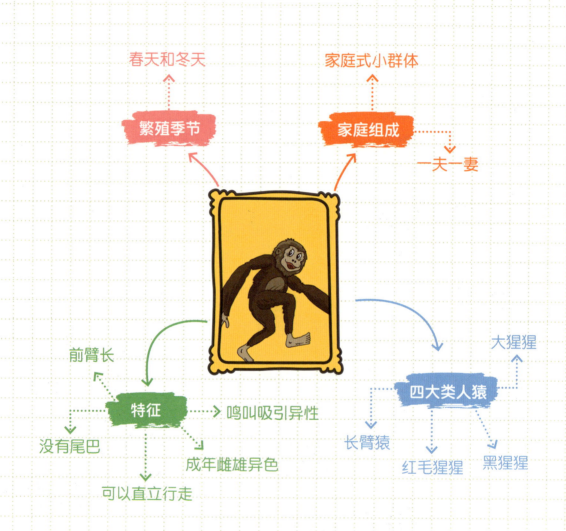

春天和冬天

家庭式小群体

繁殖季节

家庭组成

一夫一妻

前臂长

特征

鸣叫吸引异性

没有尾巴

成年雌雄异色

可以直立行走

四大类人猿

大猩猩

长臂猿

红毛猩猩

黑猩猩

毛色各不相同的一家人

在海南霸王岭热带雨林中，生活着一群可爱的海南长臂猿，它们是中国的特有物种，它们有一个神奇的特点，就是不同年龄段的毛色各不相同，变换皮毛颜色是成长的表现。猿宝宝从出生到性成熟的过程中至少要变换两三次颜色，刚出生的猿宝宝无论雌雄都是金黄色的，半年后它们的毛色会变成黑色。等到六七岁性成熟的时候，雌性猿会变回金黄色，而雄性猿则一直保持黑色。雌性猿的皮毛由黑色变为黄色需要一年多的时间，在此期间，我们会看到一只不黑不黄的"灰猿"。根据毛色就能大概推断出每只长臂猿宝宝的年龄，是不是很神奇呢？

你知道猿和猴的区别吗？

	猿	猴
尾巴	没有尾巴	有尾巴
体形	大（只有长臂猿体形稍小）	小
手臂长度	臂长＞腿长	臂长＝腿长
行走方式	可直立行走	四肢一起行走
性成熟时间	较晚	较早
繁殖能力	较弱	较强

相亲相爱的一家人

　　每年春天和冬天，是长臂猿繁殖交配的季节。长臂猿是热带雨林里的"高音歌唱家"，它们会通过歌声来吸引异性，成年雌猿会率先唱起歌，听到歌声的雄猿会靠近雌猿，雌猿见状会发出更响亮的声音。之后，雌雄长臂猿会以"二重唱"的方式确定彼此的关系，组建家庭。长臂猿是"一夫一妻制"，家庭成员间和谐友善，它们互相爱护，共同抵御危险。

　　长臂猿非常好动，雌性即使怀孕，依然每天都在树林里荡来荡去。随着胎儿一天天长大，猿妈妈的腹部也会逐渐隆起。长臂猿的孕期约为7个月，一般在秋季和初冬分娩，每胎仅产一崽儿，刚出生的猿宝宝大多是灰黄色的，需要被妈妈抱在怀里抚养，半年后全身的毛发才会变为黑色。猿宝宝2岁时就能自己生活了，但它只是偶尔离开妈妈去别处玩耍，之后还会重新回到妈妈的怀抱。长臂猿6岁左右性成熟，此时才慢慢远离家族，开始独立生活。

尽职尽责的猿爸爸

雄性长臂猿对外是勇敢的防卫者，对内是贴心的丈夫和慈爱的爸爸。我们常常会看到这样的场景：长臂猿妈妈会和长臂猿宝宝进行一些亲密的互动，比如把宝宝抱在怀里，或是耐心地陪它们玩耍，而长臂猿爸爸并不会参与其中。长臂猿爸爸这样做并非不关心妻儿，它肩负更重要的责任，那就是保卫这个小家庭的安全。

每个长臂猿家族都有各自的领地，不允许其他家族侵占。一旦发现入侵者，家族成员们就会在猿爸爸的带领下，**同仇敌忾**（kài），保卫家园。但值得一提的是，长臂猿家族十分欢迎年长的父辈亲戚来访，不仅如此，它们还允许长辈爱抚自己，甚至会接纳老猿在领地中安享晚年！

你知道吗？我们与大猩猩、黑猩猩、红毛猩猩并称为"四大类人猿"，是仅次于人类的高级灵长类动物。我们和人类一样也会组建家庭，这在哺乳动物中并不常见。我的家里，有恩爱的爸爸妈妈和友爱的兄弟姐妹，妈妈会尽心尽力地教我们觅食、躲避天敌等技能，爸爸则会时刻守护着家庭。现在，我们在动物园里安了家，欢迎大家到我们家做客哦！

来长臂猿馆找我玩儿吧！

你准备什么时候结婚？

朱鹮 Nipponia nippion

鸟生艰难

朱鹮（huán）是国家一级保护鸟类，被誉为东方宝石。在盛唐时期，朱鹮还是常见的鸟类，而时至今日，我国已经成为目前世界上唯一有野生朱鹮分布的国家。它们对配偶的忠诚度很高，至死不渝。从雌雄朱鹮组建家庭到雏鸟长成，可谓步步艰辛，这是怎么一回事呢？

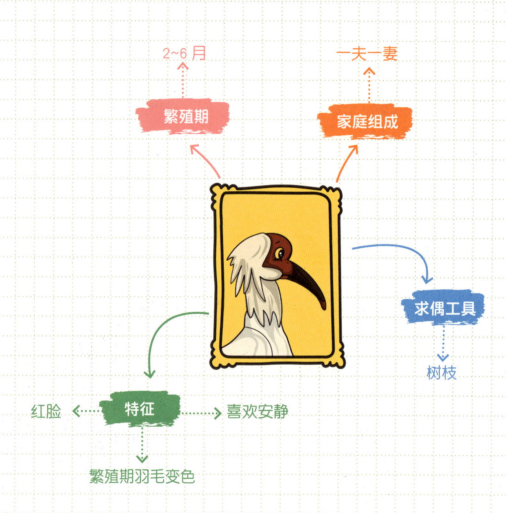

2~6月

繁殖期

一夫一妻

家庭组成

求偶工具

树枝

红脸 ← 特征 → 喜欢安静

繁殖期羽毛变色

努力将自己洗灰

朱鹮推崇以灰为美，为什么要把自己变灰呢？朱鹮本是白色的，到了繁殖期，其颈部就会分泌一种深灰色的物质，当它们在水中沐浴或者觅食的时候，就会用头部将这种深灰色的物质蹭遍全身。经过大约一个月的水浴涂抹后，给羽毛染色的工作就基本完成了。此时的朱鹮，除了头部够不到的尾羽尖端还是白色，其他部位的羽毛都变为灰色了，尤其是背部的羽毛。给羽毛换色，是朱鹮处于繁殖期的一个显著标志。

朱鹮让自己变灰是为了赢得异性的青睐（lài），灰羽毛才是朱鹮魅力的源泉。此外，繁殖期间把自己涂灰，也是为了更好地"隐身"，以此来保护自己和家庭。待到 7~8 月的换羽期，朱鹮才褪去一身黑灰羽毛，恢复白色。

一根树枝定终生

朱鹮3岁左右性成熟，每年2~6月是它们的繁殖期，在朱鹮的世界里，求婚是需要仪式感的，打动"意中鹮"芳心最好的礼物是一根树枝，这可不是普通的树枝，雄鹮只给喜欢的雌鹮送树枝。如果雌鹮同意，它们就会一起选址建巢。从此以后双宿双飞，形影不离。

朱鹮正常每次产卵2~4枚，孵化、育雏由亲鸟双方共同完成。孵化期28天，育雏期45天左右，这是亲鸟一年中最忙碌的时候，紧张的觅食和不间断的孵化、育雏，消耗了亲鸟许多体能，累瘦的亲鸟和茁（zhuó）壮成长的雏鸟形成了鲜明的对比。这跟人类的家庭很相似，孩子的成长都凝聚了父母的心血。

小知识

秦岭四宝之一

朱鹮、大熊猫、羚牛、金丝猴并称"秦岭四宝"。在2021年第十四届全运会上也能看到四宝的影子，它们化身吉祥物"朱朱""熊熊""羚羚""金金"，寓意奔向新时代、喜迎八方客、同享新生活、共筑中国梦。

动物界的模范父母

朱鹮坚持"一夫一妻制"，它们一旦结为夫妻，便恩爱有加、形影不离。每年3月下旬至4月上旬，朱鹮妈妈会产下2~4枚卵，并与朱鹮爸爸一起交替坐巢孵卵。大约28天后，雏鸟会相继破壳而出。之后，亲鸟会更加辛苦地外出觅食，育雏前期每天返巢7~9次，到了育雏后期会增加到14~15次。外出的亲鸟会把食物存积在喉咙里带回巢中喂给雏鸟。喂饱了雏鸟，亲鸟还要把雏鸟排泄的粪便清理干净。亲鸟会将沾有粪便的铺垫物叼出去，再将干净的小树枝、草叶叼回巢中。每天如此，**不厌其烦**，只为给雏鸟们提供一个干净清爽的生长环境。经过45天左右无微不至的照顾，雏鸟终于具备了离巢飞翔的能力。

1981年，中国科学家在陕西省汉中市洋县姚家沟发现了7只被认为已经灭绝的野生朱鹮。之后便对朱鹮种群进行了抢救性保护，让朱鹮在接近原始状态的情况下进行繁育，最终实现种群数量稳定增长，创造了朱鹮保护史上的一大奇迹。

小朋友们一定不知道，当年发现7只野生朱鹮时，恰巧有一只1月龄的幼鹮不慎坠（zhuì）巢，被专家紧急送往北京动物园救护，它就是大名鼎鼎的"华华"。"华华"在专家团队和保育员的细心照顾下健康成长，活了30年。

朱鹮有话说

　　我是被世界鸟类协会列入"国际保护鸟"行列的朱鹮！我们一生只有一个配偶，严格履行"一夫一妻制"。我们喜欢吃水塘里的小鱼和泥鳅（qiū），可是因为人类大量使用农药，污染了我们的食物，导致我们产下的卵孵不出雏鸟，因此我们的后代越来越少。好在人类及时纠正了错误，为我们建造了保护基地，让我们得以繁衍生息！如今，我们的家庭成员已经扩大到 1 万多只了。

我就住在朱鹮科研中心！

动物之最

最独立的动物：老虎

俗话说："一山不容二虎。"老虎是独居动物，具有高度的领地意识，它们通过吼叫、散发气味等方式来标记和维护自己的领地，并且不许其他老虎进入。因此，一般情况下它们也不会与其他老虎合作或组成群体。只有在繁殖季节时，雄虎和雌虎才可能和平相处一段时间。在交配期间，雄虎和雌虎可能会共同生活数天或数周，但这种情况也非常罕见。交配完毕后，它们就会再次回到独居状态。

最活泼的动物：猕猴

在北京动物园里最活泼动物的名单中，绝对有猕猴的姓名！除了最重要的猴王争霸赛，在猕猴社会中经常发生这样或那样的摩擦和打斗，在动物园猴山，你能够看到它们每天活蹦乱跳、追跑打闹，虽然猕猴们经常因此而受伤，但这种"打斗"能在一定时期维持群内的相对平衡，避免更大的矛盾冲突。

最恩爱的动物：天鹅

提到恩爱的动物，很多人首先会想到鸳鸯。实际上比起鸳鸯，天鹅更加忠诚、长情。天鹅是浪漫爱情的象征，求偶时的雄性天鹅会在心仪的雌性面前翩翩起舞，十分美好。如果互相倾慕，它们就会比翼齐飞，将脖子向对方弯曲，耳鬓厮磨，呈现出一颗爱心的形状，它们一旦结成伴侣，则终生相伴。好奇的小朋友们可以来到动物园，亲自看一看这颗象征恩爱感情的"爱心"吧！

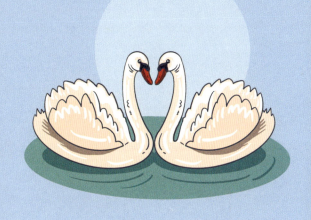

最冷静的动物：水豚

水豚因为其"情绪稳定"和"慢节奏"的特点，而受到了大家的广泛关注，成为动物界的新晋网红。水豚同类间很少相争，遇到其他动物时，也总是能躲就躲，能避就避。与猕猴刚好相反，水豚是一种极其友好的动物，它的领地意识并不强，即使面对其他动物的恶作剧，它也不会生气。如果你也想见见这位"好好先生"，那就来北京动物园海洋馆的水豚展区，亲自感受一下水豚强大的心理素质吧！

动物园存在的意义

　　小朋友们有没有想过这样的问题：国家为什么要建立动物园？动物园存在的意义是什么呢？其实，除了供游客观赏动物，动物园还有许多意义重大的作用。小朋友们，你们能说出几个呢？

饲养展示

　　这是动物园最为重要的一个功能。我们都知道，随着环境的变化，许多野生动物的数量和种类锐减，如果人类不加以干预，这些动物就会永远地消失在这个地球上，所以我们把一部分濒危动物接到动物园来，用科学的方法对它们进行保护和培育，并通过展示给人们提供可以学习和观察动物的机会。

科学研究

　　动物园里面有各种各样的动物，便于动物科学家们观察和接触，从而展开对动物们的研究。别担心，这并不是在伤害动物，对动物进行科学研究实际上是为了保护动物。只有真正了解动物，才能满足动物的真正需求，用动物喜欢的方式保护它们、照顾它们，让动物能够更健康地生存，帮助人类与动物和谐共处。

公众教育

　　动物园开放动物展出，目的是让公众通过参观动物园，观察动物们的生活习性、饮食习惯、行为表现等，深入了解这些动物的特点和重要性，从而增强对动物和自然的保护意识。让人们意识到：动物是我们的朋友，所以我们要善待它们。也欢迎小朋友们在空闲时间来到北京动物园和动物朋友们见面！

休闲娱乐

　　许多小朋友会选择在周末或假期和父母一起到动物园游玩，既可以观赏到各种珍稀可爱的动物，感受大自然的神奇和多样性，又可以在游玩中学到和动物有关的小知识，培养对动物和生态环境的保护意识。除此之外，一些动物园还会定期举办各种科普活动、文化展览等，丰富了大家的精神生活。

研学小指南

小朋友们读完书后，一定对这些神奇的动物们充满了好奇吧？是不是也想亲自看一看它们真实的样子，听一听它们呼朋唤友的叫声呢？如果你心中仍然有很多疑问，并想要通过亲自调查研究来找到答案的话，不妨参考一下下面这份"调查研究小指南"吧，相信它会帮助你更加科学、更加有效地开展行动、解决问题，向知识的彼岸不断迈进！

当然，最简单的方法就是把自己最感兴趣的问题当作目标。确立好目标后，就可以开展下一步行动啦！

小指南之一：确立目标

行动前确立目标，就像航海出发前要确定方向。一个明确的目标是保证研究顺利开展的前提。如果你不知道如何找到自己的目标，可以从以下几个方面来思考哦！

1. 科学知识目标

目的是认识、理解有关动物的知识，比如动物的特点、习性和生存状况等。从理论上建立对动物的认知。

2. 科学探究目标

通过实地观察、模拟实验等实践方式，亲自参与研究并找出问题的答案。

3. 情感与价值观目标

通过研究，加深对生物学知识的认识，培养探索世界、动手实践的兴趣，提高保护动物、保护自然的意识。

小指南之三：记录内容

小朋友们可别小看了这个环节，如果不用笔记录下来的话，只用大脑是无法完整地记下这些零散又多样的信息的。我们可以借助本书附赠的"研学记录表"记录调查研究中发现的信息、知识和问题，这样也有助于我们总结问题，得出结论。

大家可以采用自己喜欢的方式来记录，写字、画画都可以哦！

小指南之二：寻找方法

运用科学的方法展开调查研究，是研究成功的关键。小朋友们可以从以下几种方法中选择最适合自己研究问题的方法。

1. 观察法

通过观察动物或动物标本、模型等，收集和提取信息，了解相关知识。

2. 比较法

通过观察、比较、分类、概括等科学方法，寻找二者之间的差异和共性，并对知识进行总结概括。

3. 实验法

借助各类器材和工具进行模拟实验，还原生物行为或生存环境的场景，记录实验结果并进行分析，得出结论。

选择合适的方法后，就可以正式开始研究啦！在研究的过程中还有什么需要注意的吗？别着急，小指南之三会给我们解答！

小指南之四：总结与讨论

这一部分可以邀请我们的爸爸妈妈或者好朋友一起参与进来，把你在调研中的新发现讲给他们听，也可以和他们共同讨论你没有解决掉的问题，大家集思广益，没准能在讨论中收获新知识呢！

阅读了小指南的内容后，你的思路是不是变得更清晰了呢？这本《哇！奇妙动物园》只是为小朋友们提供最基本的知识，而动物和大自然的秘密是无穷无尽的，期待你能用想象作船，行动作桨，继续探索未知的世界，和动物们成为好朋友，一起守护我们共同的地球家园。

研学记录表的使用方法

研学调查表

调查时间 年 月 日（ ）

调 查 人 年级 班 姓名

调查地点

你想研究什么呢?

为什么食肉动物一般不长角而食草动物会长角?

问一问： 提出研究目标和问题

你计划用什么方法研究呢?

我想通过实际观察，查阅百科书的方式研究这个问题。
我猜食草动物长角是为了防止食肉动物攻击自己。

想一想： 针对问题给出自己的猜想，并计划用什么方法展开研究。

你得出了什么样的研究结果呢?

食草动物的角确实能有效对抗猛兽，在我查阅百科书的时候发现，雄性食草动物的角要比雌性大很多，这是因为雄性的角除了防御还有另一个功能，那就是炫耀，角越大、形状越复杂，越受欢迎。

做一做： 自由开展调查，将学到的内容用自己喜欢的方式记录下来。

你有什么心得体会吗?

通过学习让我认识了很多动物的角，真是太有趣了。

说一说： 总结自己学到的知识，把它们讲给爸爸妈妈或者好朋友听，和他们一起讨论。

研学调查表

调查时间	年　月　日（　）
调查人	年级　班　姓名

调查地点

你想研究什么呢？

你计划用什么方法研究呢？

你得出了什么样的研究结果呢？

你有什么心得体会吗？

* 本表格可以复印使用。

图书在版编目（CIP）数据

动物宝宝诞生记 / 张成林，李士杰主编. -- 北京 ：
现代出版社，2024.4
 （哇！奇妙动物园）
 ISBN 978-7-5231-0719-5

Ⅰ．①动… Ⅱ．①张… ②李… Ⅲ．①动物－儿童读
物 Ⅳ．①Q95-49

 中国国家版本馆CIP数据核字(2024)第058784号

作　者	张成林　李士杰
责任编辑	申　晶　滕　明

出 版 人	乔先彪
出版发行	现代出版社
地　　址	北京市安定门外安华里 504 号
邮政编码	100011
电　　话	(010) 64267325
传　　真	(010) 64245264
网　　址	www.1980xd.com
印　　刷	北京飞帆印刷有限公司
开　　本	787mm×1092mm　1/16
印　　张	5
字　　数	69 千字
版　　次	2024 年 4 月第 1 版　2024 年 4 月第 1 次印刷
书　　号	ISBN 978-7-5231-0719-5
定　　价	30.00 元